蕨色

畫家手圖譜 3

大地蕨類博物繪

THE GALLERY OF
FERNS
IN NATURE

黃崑謀 / 繪

森林

台灣水龍骨、華中瘤足蕨、觀音座蓮、松葉蕨、粗齒紫萁
南洋巢蕨、團扇蕨、杯狀蓋骨碎補、燕尾蕨、蒿蕨、東方狗脊蕨
藤蕨、海南實蕨、南海鱗毛蕨

林緣

筆筒樹、雙扇蕨、全緣卷柏、台灣金狗毛蕨
過山龍、圓葉鱗始蕨、姬書帶蕨、海金沙、粗毛鱗蓋蕨

濕地

台灣水韭、過溝菜蕨、田字草、木賊

城鎮

鳳尾蕨、腎蕨

草地

瓶爾小草

筆筒樹高大的身影
曾和恐龍一起睥睨世界,
水中的田字草散播著幸運的符碼,
海金沙的綠網是一片葉子的化身,
骨碎補的羽片是伏地張翼的美麗翅膀……

每一株蕨,都是美的創造家,
演繹綠色的能力令人無語,
創造極簡與繁複的對比讓人詞窮,
幼葉捲旋的曲線也成為新藝術的要角!
從山林到溪畔,綠意盎然的蕨類饗宴,
永遠安靜而優雅地提出邀請……

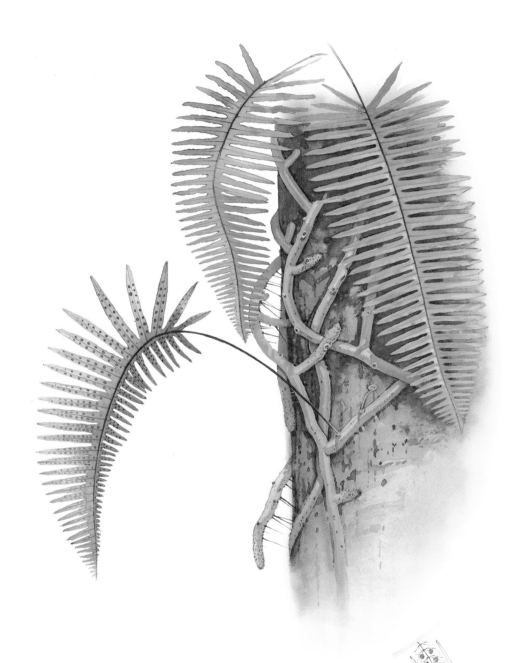

Goniophlebium formosanum

台灣水龍骨
Goniophlebium formosanum
水龍骨科

　　台灣水龍骨簡單的一回羽狀深裂葉片，背面長著一顆顆圓圓的孢子囊群，加上捲旋的幼葉，正是一般人印象中的典型蕨類造形。從名稱就不難想見，有如「龍骨」般又粗又長的橫走莖是它的重要特徵。如遇久旱不雨，台灣水龍骨會壯士斷腕，利用葉柄與莖交接處的關節讓葉子脫落，而僅留下匍匐狀的粉綠色橫走莖來貯存水分，並且行光合作用製造養分，以度過惡劣的乾旱期。有趣的是，因其關節顯著，葉子脫落後，莖上會留下火山口般的葉痕。

Plagiogyria euphlebia

華中瘤足蕨
Plagiogyria euphlebia
瘤足蕨科

　　華中瘤足蕨整體看起來很光滑，完全沒有毛及鱗片，但在呈三角狀的葉柄基部表面，卻具有相當明顯的瘤狀突起，有些甚至向上持續分布到葉軸與基部羽片的交接處，這些瘤突便是氣孔集中的地方。呈「噴泉狀」生長的植株，具有叢生的兩型葉：即營養葉在外圈，並向外側彎曲；孢子葉在中心，直立生長。華中瘤足蕨偏好林下富含腐植質且空氣濕度較高的環境，是本科蕨類中生長在較低海拔，也較常見的種類。

Angiopteris lygodiifolia

觀音座蓮
Angiopteris lygodiifolia
合囊蕨科

　　觀音座蓮外觀上最大的特徵，就是葉柄基部具有蚌殼狀、肥厚、略木質化的大型托葉，老葉脫落後，托葉仍存留在塊莖上，乍看之下，就像是觀音菩薩的「蓮花座」一般，這也是它名稱的由來。整個植株顯得肥厚多汁，既有和擬蕨類近似的大型孢子囊，又有長可達二、三公尺的巨大葉片。葉柄及羽軸基部皆有膨大的「葉枕」，葉枕的作用是控制水分的進出，調整葉子的角度，以便在乾旱時減少水分的散失。

Psilotum nudum

松葉蕨
Psilotum nudum
松葉蕨科

　　漫步在低海拔的森林裡，如果在筆筒樹的樹幹上或岩縫中，發現一束束近似松葉的植物，那就是俗稱「鐵掃把」的松葉蕨了。松葉蕨是一種造形奇特的擬蕨類（亦稱小葉類），那看似倒插的一支支綠色小掃把，其實是它多回二叉分支的綠色莖，葉子很小，呈鱗毛狀，肉眼幾乎看不到，葉腋上則著生一枚枚具有三面突起的大型孢子囊。松葉蕨在台灣的數量不多，有幸與它們相遇時，可別錯過這難得的觀察機會。

Osmunda banksiaefolia

粗齒紫萁

Osmunda banksiaefolia

紫萁科

　　從名字就很容易想像粗齒紫萁的外觀特徵：葉質堅硬、羽片邊緣呈粗鋸齒狀。它常出現在低海拔森林潮濕的溪溝旁，莖粗短而直立，葉子凋萎後，部分葉柄基部仍會殘留。孢子羽片較靠近葉片基部，而黃澄澄的孢子囊纏繞著沒有葉肉的小脈生長，是紫萁令人一見就難忘的「圖騰」。另外，葉軸和羽片間有類似關節卻不具功能的「界線」，也是它與眾不同之處。

Asplenium australasicum

南洋巢蕨
Asplenium australasicum
鐵角蕨科

　　葉表有蠟質的南洋巢蕨，又稱為南洋山蘇花，它的嫩芽就是著名的野菜「炒山蘇」的素材之一，據說吃山蘇的習慣起源於花蓮的阿美族，近年因自然飲食風氣興起而聲名大噪。南洋巢蕨屬於低海拔常見的熱帶性著生蕨類，一片片長長的葉子如覆瓦般圍成一圈，看起來就像是築在樹枝上的鳥巢，這也是它名稱的由來。在南部低海拔山谷地，更常見到一棵大樹幹上長滿了南洋巢蕨，形成「蕨類公寓」般的有趣景致。

Crepidomanes minutum

團扇蕨

Crepidomanes minutum

膜蕨科

　　有如一只只綠色小團扇的團扇蕨，多出現在濕度較高的低海拔地區，如溪谷地的大岩壁或是闊葉林下的樹幹、巨石上。因為常成群生長，乍看就像整片綠色的草墊一般。團扇蕨的生長習性、外形都和苔蘚頗為相近，它們共同的特徵就是葉子很薄，除了葉脈外，只有一層細胞，沒有表皮和葉肉的區分，也沒有氣孔，因此必須生活在很潮濕的環境中，以便直接利用葉面來吸收水分和交換氣體。

Davallia griffithiana

杯狀蓋骨碎補
Davallia griffithiana
骨碎補科

　　杯狀蓋骨碎補因其孢膜呈杯狀而得名；它的根莖布滿銀白色的鱗片，狀似兔子毛茸茸的腳，所以又俗稱「兔腳蕨」。而它基部一對羽片之最下朝下的小羽片較長，使得整體葉形呈特殊的五角形，也讓人印象深刻。骨碎補有些特徵和水龍骨很接近：例如同樣具有肥大的根莖，葉柄與根莖之間都有關節，葉子掉落後莖上皆會留下火山口般的葉痕；不過，因骨碎補的葉形較複雜，葉片也普遍較厚且硬，彼此間並不難分辨。

Cheiropleuria bicuspis

燕尾蕨
Cheiropleuria bicuspis
燕尾蕨科

　　營養葉有如燕子尾巴一樣分成兩叉的燕尾蕨，全世界獨一無二。雖然台灣的燕尾蕨葉片以不分叉居多，但只要看到革質的卵形營養葉，與細長且密布孢子囊的孢子葉，那應該就是它了；如果再觀察到其營養葉的基部有四條主脈分出，則更能確定無誤。燕尾蕨零星分布在台灣中、低海拔的天然闊葉森林，喜歡生長在不太潮濕的中性環境，因此可試著在林下山坡地尋覓它的蹤影。

Ctenopteris curtisii

蒿蕨

Ctenopteris curtisii

禾葉蕨科

　　中海拔闊葉霧林中偶見的蒿蕨，通常著生於樹幹的基部或林下的岩壁上，尤其喜好苔蘚密生的環境，因為森林較低下的位置受到地被層植物的保護，一般空氣濕度較高，變動性也較小，較適合這種對環境挑剔的蕨類生存。蒿蕨的短匍匐莖上具褐色鱗片，葉柄也被覆紫褐色的多細胞毛；葉片呈薄革質，為一回羽狀深裂，基部裂片短縮成波浪狀；每一裂片有一至數枚圓形的孢子囊群，稍下陷於葉肉中。

Woodwardia prolifera

東方狗脊蕨
Woodwardia prolifera
烏毛蕨科

　　一般人的印象中，蕨類的幼葉多為綠色或黃綠色，但東方狗脊蕨的幼葉卻呈現美麗的暗紅色，之後才逐漸由紅轉綠。除此之外，它還有一項較孢子繁殖更容易擴張地盤的祕密武器：即滿布於葉表、尺寸比指甲略小的「不定芽」。由於東方狗脊蕨喜好生長在低海拔天然林寬闊的溪谷地邊緣，不定芽成熟後就一個個掉到水面，像小船一樣順水漂流，靠岸即可長出新的植株。東方狗脊蕨的葉子非常大型，長可達二至三公尺，常由山壁向下垂，相當引人注目。

Arthropteris palisotii

藤蕨

Arthropteris palisotii

篠蕨科

　　如果在野外發現一種類似腎蕨葉形的植物爬上樹幹，但又不像腎蕨般成叢生長，不要懷疑，它就是藤蕨了。藤蕨對生長環境相當挑剔，必須是非常成熟的低海拔原始森林才行，而今日這種環境所剩不多，所以「藤狀腎蕨」已不容易見到。藤蕨初始為地生的蔓生型植物，但之後根莖會逐漸往樹幹上攀爬，枝條則四處纏繞。藤蕨和水龍骨、骨碎補等蕨類一樣，葉柄基部也具有關節，必要時整片葉子會脫落，僅留下根莖。

Bolbitis subcordata

海南實蕨
Bolbitis subcordata
蘿蔓藤蕨科

　　海南實蕨及其同屬的蕨類有個很神奇的別稱叫做「走蕨」(walking ferns)，那是因為這類蕨類的頂羽片末端都有一個不定芽，碰到地面之後就生根長葉，而且還會和原來的植株相連一段時間，之後第二株的芽一觸地，也會重複這樣的方式，因此能連續不斷往外擴張地盤，看起來就像是一步一步往前走似的。海南實蕨的孢子葉直立生長，較營養葉高且突出，有利於孢子的傳播，而其孢子囊則如散沙狀全面著生於葉背。它所擁有的「實蕨脈型」，更是獨特的身分印記。

Dryopteris varia

南海鱗毛蕨
Dryopteris varia
鱗毛蕨科

　　南海鱗毛蕨的莖短而向斜上生長，厚肉質的葉片叢生，常呈下垂狀，幼葉泛紅色，是低海拔山區林下土坡、或稍有遮蔭的岩壁環境裡常見的蕨類。二回羽狀複葉的南海鱗毛蕨，其基部羽片的最下朝下小羽片特別大，並且向外撇，乍看下葉片好像長了一對八字鬍，而整個葉形則呈長五角形。此外，它的葉柄、葉軸與羽軸皆有褐色的窄線形鱗片，由此可知其「鱗毛蕨」名稱的由來。

Cyathea lepifera

筆筒樹
Cyathea lepifera
桫欏科

　　台灣的氣候相當適合蕨類生長，尤其是彷如侏儸紀時代的大型樹狀蕨類密布的林相，在台灣北部低海拔森林中隨處可見，而這樣的景象，卻是溫帶地區難得一見的。這類樹蕨中最顯眼、常見的，要算是樹幹高達六至二十公尺（甚至更高）的筆筒樹了。筆筒樹的老葉脫落後，會在樹幹上留下一個個略呈三角狀的橢圓形疤痕，使得整個樹幹看來宛如一條蛇般，所以又有「蛇木」這個別稱，十分容易辨識。

Dipteris conjugata

雙扇蕨

Dipteris conjugata

雙扇蕨科

　　開車經過台灣北部向陽又水氣充足的海拔較高處，常會發現路旁長著一大片綠色的「破雨傘」，它便是雙扇蕨；那呈撕裂狀的葉子，其實是由兩片扇形所構成。雙扇蕨的葉、脈都呈兩叉分支的形態，意謂著它是一種比較古老的蕨類，因為二億至四億年前，「二叉」是植物普遍存在的現象。這種遠在侏儸紀之前就現身於地球上的古老蕨類，因為根莖長且橫走，故常在土層淺薄的岩壁成群蔓生。

Selaginella delicatula

全緣卷柏

Selaginella delicatula

卷柏科

　　姿態優美的全緣卷柏，是本土頗受歡迎的園藝植物之一。它也屬於擬蕨類，亭亭玉立的主莖、如飛揚鳥翼般的羽狀分支，以及扁平的枝條正面並列著四排小葉，乍看和扁柏頗為相似；而集生於枝條末端的孢子葉，則形成四角柱形的孢子囊穗。全緣卷柏常成群出現，喜歡有遮蔭且溫暖潮濕的環境，從主莖基部長出的根支體，具有像榕樹支柱根一般的支撐功能，可使莖葉與潮濕的地面保持距離。

Cibotium taiwanense

台灣金狗毛蕨
Cibotium taiwanense
蚌殼蕨科

　　台灣金狗毛蕨的粗大根莖與葉柄基部密布著華麗的金黃色毛，毛茸茸的，十分醒目而獨特。它是北部低海拔地區常見的蕨類，喜歡生長在岩壁環境，葉片大型，葉背呈粉綠色，羽片基部兩邊不對稱，朝下的一側會缺少二至三個小羽片。台灣金狗毛蕨的孢子囊群著生於相鄰兩末裂片凹入處的葉緣，每一裂片上的孢子囊群至多二至三對，質地堅硬的蚌殼狀孢膜在成熟開裂時尤其明顯。

Lycopodiella cernua

過山龍
Lycopodiella cernua
石松科

　　在中、低海拔陽光及水源充足的開闊環境裡，常可看到一串串綠色小刷子似的植物成群攀垂在土坡上，它就是「過山龍」。因其直立莖常會傾臥甚至沿地表匍匐蔓生，所以一整片的過山龍很可能都是由同一株繁衍而來。不僅如此，以莖為主體的過山龍，長相也和印象中的蕨類大異其趣：螺旋排列在莖上的針狀小葉，垂掛在枝條末端如麥穗般的孢子囊穗，都說明了它屬於較古老的「擬蕨類」的一員。

Lindsaea orbiculata

圓葉鱗始蕨
Lindsaea orbiculata
鱗始蕨科

　　長了一串串扇形小葉片的圓葉鱗始蕨，乍看之下，可能會讓許多人誤認為是花市裡常見的鐵線蕨，可是仔細觀察就會發現：圓葉鱗始蕨的葉柄和葉軸為綠色，不像鐵線蕨呈亮褐色至黑色。「鱗始蕨」顧名思義，就是「開始具有鱗片的蕨類」：即它們具有本質為鱗片，但外形似毛的窄鱗片，是由毛茸過渡到鱗片的中間型產物。圓葉鱗始蕨的葉片略呈兩型：營養葉較寬短且向外傾臥；孢子葉則窄長而挺立。

Vittaria anguste-elongata

姬書帶蕨

Vittaria anguste-elongata

書帶蕨科

　　姬書帶蕨主要著生於土壁、岩縫或樹幹上，偶爾也長在溪澗
兩旁的陡壁上，因此狹長帶狀的厚葉常呈45°垂掛下來，有如裝
飾在大地上的綠色彩帶。它的植株不大，一般僅約十至二十公
分，與其他書帶蕨相比，顯得嬌小秀氣得多，所以稱為「姬」
書帶蕨，可說名副其實。因幼葉捲旋、線形葉的葉緣兩側縱溝
有孢子囊群生長，加上中脈與柄均不明顯等特徵，使得姬書帶
蕨不致被誤認為是禾草類的種子植物。

Lygodium japonicum

海金沙
Lygodium japonicum
莎草蕨科

　　海金沙看起來就像藤本植物一般，攀附著其他植物向上爬升。有趣的是，它的地上部分常只是一片不斷延長的葉子，因為那乍看像「莖」的葉軸，具有可無限生長的特異功能；相較之下，短短的橫走莖，自然不太引人注意。海金沙最特別之處，便是羽軸頂端的休眠芽，會在下一個生長季復甦，長出同樣具有休眠芽的新枝，如此不斷分支、彼此糾結，最後交織成一片海金沙綠網。海金沙需要較多的陽光，但又要有所攀附依靠，所以森林邊緣是它最佳的生長居所。

Microlepia strigosa

粗毛鱗蓋蕨
Microlepia strigosa
碗蕨科

　　粗毛鱗蓋蕨的葉表雖然光滑無毛，可是莖和葉柄基部都具有毛茸，而葉背也密布著粗毛，加上葉脈在葉背這一面明顯突起，所以摸起來感覺相當粗糙。從蕨類身上的毛被物其實也能看出演化的脈絡，比較原始的蕨類，並沒有真正的毛茸；具有鱗片的蕨類，則是較進化的一群；至於如粗毛鱗蓋蕨這類有毛的蕨類，則被視為演化的中間過渡型，這點也正是碗蕨科蕨類最重要的特徵。

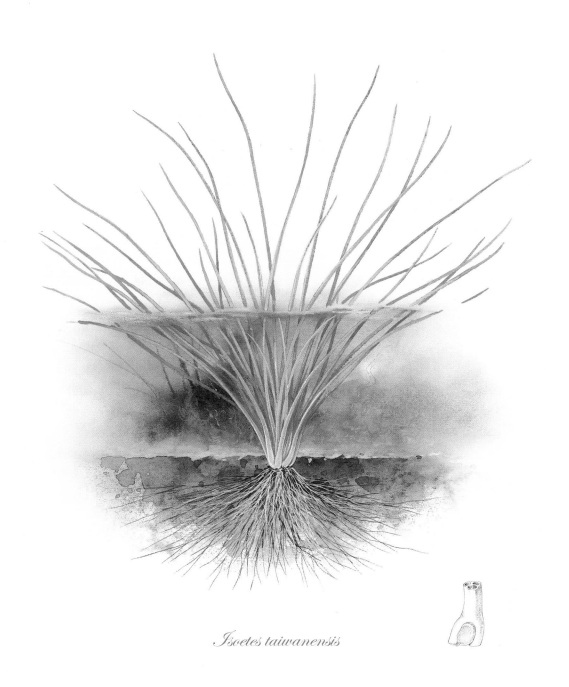

Isoetes taiwanensis

台灣水韭
Isoetes taiwanensis
水韭科

　　水韭科是擬蕨類中葉子比較大的一群，葉腋處具有大型的孢子囊，葉形細長，葉片內有四條縱走的通氣道，以便在水中行呼吸作用、光合作用及促進氣體的運送。1971年首次被發現的台灣水韭，目前為止僅見於陽明山國家公園的夢幻湖中。台灣水韭屬於著土型的水生植物，模樣像是一叢叢長在水中的韭菜，平時完全沉入水面下，只有枯水期才會露出水面來，是台灣唯一真正屬於沉水型的蕨類。

Diplazium esculentum

過溝菜蕨
Diplazium esculentum
蹄蓋蕨科

　　過溝菜蕨就是台語俗稱的「過貓」，也是台灣少數被當作蔬菜種植的蕨類之一，植株高度可達一公尺左右，是台灣的原生種，人們所食用的部分是它鮮嫩的幼葉。原本即生長在沼澤或水邊濕地的過溝菜蕨，天生不怕水淹，對環境變化的適應度很高，是潛力十足的颱風菜。其外觀特徵包括：長在脈上的長條形孢子囊群，有背靠背的雙蓋形孢膜保護；葉表主軸都具有溝槽且相通；而如賓士汽車標誌「人」般的脈型，更是它相當重要的身分密碼。

Marsilea minuta

田字草
Marsilea minuta
田字草科

　　望文生義，田字草十字深裂的對稱葉形就像是個「田」字，有人可能會將它和突變的四瓣酢漿草相混淆，不過仔細觀察，它和酢漿草的脈型卻有極大的差異。而且田字草是標準的著土型水生植物，它的根與莖必須長在爛泥巴裡。莖、葉在旱季時會完全接觸空氣，淹水時葉片一般是浮在水面上的。田字草的孢子囊果長在葉柄基部，枯水期才出現，然後在緊接而至的淹水期開裂，釋放裡面的孢子，以藉著水流傳播出去。

Equisetum ramosissimum

木賊
Equisetum ramosissimum
木賊科

　　屬於擬蕨類的木賊，小葉輪生於節上，基部癒合成鞘，一節節的莖扯斷後，彷彿可再拼回，因而俗稱為「接骨草」，是許多人小時候的天然童玩。它還有個別稱叫「土筆」，顧名思義，就是外觀看起來像是一枝枝插在土上的毛筆，筆頭就是它的孢子囊穗。木賊主要生長在溪床邊或水溝旁，發達的地下莖常蔓延成片。因其莖上突出的稜脊處，沉積了大量的矽質，昔日常被人們摺成一捆捆，用來當作清洗鍋子的鍋刷，可說是既環保又方便的清潔工具哩！

Pteris multifida

鳳尾蕨
Pteris multifida
鳳尾蕨科

　　鳳尾蕨是都市環境中普遍常見的種類，喜歡著生於磚牆及排水溝的縫隙中；另外，人們常去踏青的近郊也會發現其蹤影，反而在較自然原始的生態環境不易覓得。鳳尾蕨的外觀稍呈兩型葉：孢子葉較瘦長而直立，羽片具明顯由葉緣反捲形成的假孢膜，側羽片基部會分裂出狹長的裂片；相較之下營養葉則顯得胖短，羽片邊緣有鋸齒。鳳尾蕨最大的特色是，它的葉軸兩側長有宛如翅膀一般的葉肉，特稱為「翼片」。

Nephrolepis auriculata

腎蕨

Nepbrolepis auriculata

腎蕨科

　　同時具有直立莖與匍匐莖的腎蕨，總是一叢叢成片地生長，甚至在比較乾旱的環境，它還會長出貯藏水分和養分的祕密武器──塊莖，這也是早期鄉下小孩常在岩壁或土壁上尋找的天然零嘴「鐵雞蛋」。一回羽狀複葉的腎蕨，孢膜呈腎形，羽片小脈末端有泌水孔；而羽片基部上側皆有突出的葉耳，在葉背會將葉軸遮蔽起來；羽片與葉軸交接處具有關節，乾旱缺水時，羽片會紛紛掉落，以減緩水分蒸發的速率。

Ophioglossum petiolatum

瓶爾小草

Ophioglossum petiolatum

瓶爾小草科

　　過去有些人會在公園或是學校的草皮上，尋覓一種只有一片葉子的草藥——即俗名「一葉草」的瓶爾小草，它是傳統治瘡的中藥材。不過，由於採摘過度，目前反而變得較為罕見。若不留心觀察，這種全株肉質、葉呈湯匙狀、幼葉不捲旋、葉柄基部具鞘狀托葉的蕨類，很容易被誤認為是一般雜草；還好瓶爾小草從葉上伸出的孢子囊枝，可見呈穗狀排列的大型孢子囊，提供了驗明正身的最佳線索。

繪者簡介

黃崑謀

喜歡大自然，喜歡欣賞它，喜歡靠近它。也許是空氣特別好，也許是期待會發現什麼新奇事物。從事繪圖工作多年，嘗試過許許多多的題材，自然的、人文的，每接觸一種新的主題，就如同上了寶貴的一課。而博物畫的繪製，除了美感的傳遞，更要深入了解物種的特徵與生態習性，所以野外的觀察是非常重要的步驟，也唯有透過這樣實際接觸的經驗累積，才能讓自己具備更佳的詮釋能力，也使得畫作更具生命力。

近年來的作品散見於《野菇入門》、《魚類入門》、《古蹟入門》、《蕨類入門》、《大台北空中散步》、《台灣昆蟲大發現》、《台北古蹟偵探遊》、《有一棵植物叫龍葵》、《帶不走的小蝸牛》、《鳥瞰台灣山》、《台灣山林空中散步》等（皆遠流出版）。曾獲行政院新聞局金鼎獎、中國時報開卷與聯合報讀書人年度十大好書獎。《蕨色》、《菇顏》為作者精繪的博物畫作品集。

國家圖書館出版品預行編目資料

蕨色：大地蕨類博物繪＝The Gallery of Ferns in Nature
／黃崑謀繪. -- 初版.
--臺北市：遠流，2006〔民95〕
面；　公分.--（觀察家圖譜；3）
ISBN 957-32-5724-6（平裝）
1.蕨類植物 - 圖錄
378.3024　　　　　　　　　　　　　　95001522

觀察家圖譜3

蕨色——大地蕨類博物繪

繪　　　者——黃崑謀

審　　　訂——郭城孟

編輯製作——台灣館
主　　編——黃靜宜　　副 主 編——張詩薇　　執行編輯——洪致芬
美術主編——陳春惠　　封面裝幀設計——鄭司維

發行人——王榮文
出版發行——遠流出版事業股份有限公司　台北市南昌路2段81號6樓
郵撥：0189456-1　電話：（02）2392-6899　傳真：（02）2392-6658
著作權顧問—蕭雄淋律師
法律顧問——王秀哲律師‧董安丹律師
輸出印刷——博創印藝文化事業有限公司
□2006年2月25日　初版一刷

行政院新聞局局版臺業字第1295號
定價350元（缺頁或破損的書，請寄回更換）
有著作權‧侵害必究　Printed in Taiwan
ISBN 957-32-5724-6
遠流博識網 http://www.ylib.com　E-mail:ylib@ylib.com